上海市气候变化监测公报

（2016年）

SHANGHAI CLIMATE CHANGE MONITORING BULLETIN

上海市气候变化研究中心　编

气象出版社
China Meteorological Press

内容简介

为了提高社会公众对适应气候变化的认知水平，认识并了解上海最新的气候变化科学事实，上海市气候变化研究中心组织上海市气候中心的多位专家编写了《上海市气候变化监测公报(2016年)》。全书共分5章，分别从大气、海洋、植被物候、季节变化和气候变化影响因子等方面揭示了上海市1961年以来的气候变化科学事实。本书可为地方政府有效制定应对气候变化政策，满足国内外科研与技术交流需要，更好地开展气候变化科普宣传提供科学依据。

本书适合地方政府部门和企事业单位的人员，以及关注气候变化的各界人士阅读。

图书在版编目(CIP)数据

上海市气候变化监测公报. 2016年 / 上海市气候变化研究中心编. --北京 ：气象出版社，2017.7

ISBN 978-7-5029-6609-6

Ⅰ.①上… Ⅱ.①上… Ⅲ.①气候变化-监测-上海-2016-年报 Ⅳ.①P467

中国版本图书馆CIP数据核字(2017)第164251号

出版发行:气象出版社

地　　址:北京市海淀区中关村南大街46号　　**邮政编码**:100081

电　　话:010-68407112(总编室)　010-68408042(发行部)

网　　址:http://www.qxcbs.com　　**E-mail**:　qxcbs@cma.gov.cn

责任编辑:陈　红　　**终　　审**:吴晓鹏

责任校对:王丽梅　　**责任技编**:赵相宁

封面设计:博雅思企划

印　　刷:北京地大天成印务有限公司

开　　本:787 mm×1092 mm　1/16　　**印　　张**:2.5

字　　数:64千字

版　　次:2017年7月第1版　　**印　　次**:2017年7月第1次印刷

定　　价:20.00元

《上海市气候变化监测公报(2016年)》
编委会

主　　编: 陈振林

副 主 编: 穆海振　谈建国　孙兰东

编写专家: 吴　蔚　胡恒智　杨涵洧　田　展

刘校辰　杨何群　谢　潇

前　言

近百年来，受自然和人类活动的共同影响，全球正经历着以变暖为显著特征的气候变化。气候变化已经对自然生态系统和经济社会可持续发展产生了明显影响。

城市化是影响局地气候变化的重要原因，城市化和气候变化的影响正以一种危险的方式汇聚，严重威胁城市的环境、经济和社会稳定。上海是我国城市化水平最高的地区之一，随着上海超大城市的快速发展，人口和经济的迅猛增长，城市化和气候变化的双重影响，已经造成上海近海海平面上升、高温热浪和暴雨洪涝等极端天气气候事件频发，由此造成的灾害损失趋大。未来，上海的高温日数和强降水日数增多、沿海海平面继续上升的可能性仍很大，气候变化对上海城市防汛排涝、能源安全、城市交通、生态环境和农业生产等诸多领域造成严重影响，是上海城市所面临的严峻挑战。因此，城市适应气候变化是事关人民生产、生活安全，是服务上海实现创新之城、人文之城、生态之城未来城市愿景的内在要求。

为了响应城市适应气候变化行动，从2013年开始，上海市气候变化研究中心组织专家利用最新的气候监测数据，编制年度《上海市气候变化监测公报》。《公报》从大气、海洋、植被物候、季节变化和气候变化影响因子等方面全面揭示1961年以来上海最新的气候变化科学事实，为社会大众提供气候变化的最新监测分析成果。为了更好地实施应对气候变化全民行动计划，提高社会对适应气候变化的认知水平，更好地开展气候变化科普工作，满足社会各界人士对气候变化知识更高的需求，今年上海市气候变化研究中心将正式出版《上海市气候变化监测公报（2016年）》。

该书出版后，期待能更好地满足政府决策部门、科技人员及广大读者不断增长的需求。在此，我特别感谢为此书编写和出版做出贡献的科技人员。

上海市气象局局长　陈振林

2017年6月

编写说明

1. 资料来源说明

本公报主要揭示了上海市近百年来的气候变化科学事实。用到的资料有：

(1)地面气象要素资料

地面气象资料取自上海市11个台站观测记录，其中徐家汇站的气温和降水观测统计时段起始时间为1873年和1874年，闵行、宝山、嘉定、崇明、南汇、浦东、金山、青浦、松江和奉贤10个台站统计起始时间为1961年。地面资料的截止时间均为2016年。

(2)高空气象要素资料

高空资料取自龙华站(1961年1月—1991年10月)和宝山站(1991年11月—2016年12月)探空观测记录。

(3)物候资料

来源于上海市气候中心。

(4)植被资料

来源于2006—2016年EOS/MODIS数据。

(5)海温资料

来源于美国国家环境预报中心(NCEP)和美国国家大气研究中心(NCAR)联合制作的全球海温(SST)资料。

(6)海平面资料

来源于《2016年中国海平面公报》。

(7)其他数据

本公报所用其余数据均来源于上海市气象局，主要贡献单位：上海市气候中心、上海海洋中心气象台、上海市气象科学研究所。

2. 重要名词解释

·常年值：常年值取值时段为1981—2010年。

·积温：一年内日平均气温≥10 ℃持续期间日平均气温的总和，即活动温度总和，简称积温。其单位为℃·d。

·采暖度日数：指一年中当某天室外逐日平均温度低于18 ℃时，将低于18 ℃的度数乘以1天，所得出的乘积的累加值。其单位为℃·d。

· 制冷度日数：指一年中当某天室外逐日平均温度高于 26 ℃时，将高于 26 ℃的度数乘以 1 天，所得出的乘积的累加值。其单位为℃ · d。

· 人体舒适日数：利用日平均气温、相对湿度以及风速计算舒适度指数，公式如下：

$$ET = 37 - \frac{37 - T}{0.68 - 1.4 \times \frac{RH}{10} + \frac{1}{1.76 + 1.4\left(\frac{W}{10}\right)^{\frac{3}{4}}}} - 0.29T(1 - RH)$$

式中，T 为日平均气温(℃)；RH 为日平均相对湿度；W 为日平均风速(m/s)。若某日人体舒适度指数 $10 < ET < 24$ 的话，定义这一日为人体舒适日。

· 植被指数：对卫星不同波段进行线性或非线性组合以反映植被生长状况的量化信息，本公报使用归一化差分植被指数 NDVI。

· 物候：植物在一年的生长中，随着气候的季节性变化而发生萌芽、抽枝、展叶、开花、结果及落叶、休眠等规律性变化的现象。本公报选取桃花初花期时间反映上海物候状况。

· 副热带夏季风强度指数(ESMI)：采用华南的整层积分经向水汽输送距平(ΔVQ_{SC})表示来自长江中下游南侧的异常水汽输送；采用华北的整层积分经向水汽输送距平(ΔVQ_{NC})表示来自长江中下游北侧的异常水汽输送；二者的差值定义为东亚副热带夏季风指数：

$$ESMI = \Delta VQ_{SC} - \Delta VQ_{NC}$$

式中，Δ 表示区域平均：用范围(22.5°～27.5°N，105°～120°E)表示华南(SC)；用范围(35°～40°N，105°～115°E)表示华北(NC)。

· 热岛强度：用两个代表性测点的气温差值表示热岛强度，本公报中利用徐家汇站与奉贤站日平均温度差表征上海热岛强度。

· 年总辐射量：地表一年中所接收到的太阳直接辐射和散射辐射之和。

· 季节划分标准：1)入春：立春(2 月 4 日左右)后，出现连续 5 日日平均气温≥10 ℃，则为入春，其首日为春季首日；2)入夏：立夏(5 月 5 日左右)后，出现连续 5 日日平均气温≥22 ℃，则为入夏，其首日为夏季首日；3)入秋：立秋(8 月 7 日左右)后，出现连续 5 日日平均气温＜22 ℃，则为入秋，其首日为秋季首日；4)入冬：立冬(11 月 7 日左右)后，出现连续 5 日日平均气温＜10 ℃，则为入冬，其首日为冬季首日。

目 录

摘　　要

全球气候变化是当今世界以及今后长时期内人类共同面临的巨大挑战，上海是全球气候变化的敏感和显著区域之一，气候变化导致气候变暖与极端气候事件发生的频率和强度增加。近年来，上海的高温热浪、暴雨洪涝等极端天气气候事件频繁发生。

2016年，上海市气温偏高，降水偏多。上海市年平均气温比常年偏高1.2℃，是1961年以来第3个最暖年；年平均降水量比常年偏多34.9%，为1961年以来仅次于1999年和2015年的第3个高值年；年平均风速较常年值偏小0.7m/s，为1961年以来的第二低值。

1961年以来，上海年平均气温明显上升，年降水量呈弱的增多趋势且年代际变化特征明显。年平均相对湿度、风速和日照时数均显著减少。高温日数增多，大雾和大风日数显著减少。积温和制冷度日明显上升，采暖度日下降。冬季缩短，夏季延长，人体舒适日数增多。上海年总辐射量持续减少，热岛强度增强，副热带夏季风强度略微增强。

2007年以来，上海市城市热岛效应明显，年平均气温的增幅有所减缓，降水总体呈增加趋势，其中郊区（嘉定、松江、金山）降水增加趋势明显。平均相对湿度崇明增加，中心城区和嘉定减少；平均风速和日照时数全市一致性的减小。上海北部和东南部地区的高温日数增加，其他地区均减少。大雾除了徐家汇略有减少外，其他区县均呈现增加的趋势，其中崇明增加最多。全市制冷度日数一致性地减少；除崇明站采暖度日数增加外，其余各站减少。

ABSTRACT

Global climate change is and will be the common great challenge for human being for a long period. Shanghai is a remarkably venerable region to the global climate change, thus highly affected by climate change induced climate warming and increasing in both frequencies and intensities of extreme climate & weather events including heat wave and rainstorm flooding, etc.

In 2016, Shanghai's surface temperature and precipitation was above normal. The average surface temperature was 1.2℃ higher than the average during 1980—2010, and was the third warmest year since 1961. Annual precipitation was 34.9% higher than the average during 1980—2010, and was the third highest record below the top 2 records in 1999 and 2015. Annual average wind speed was 0.7m/s lower than the normal record, and was the second lowest value since 1961.

Since 1961, Shanghai's average surface temperature was clearly increasing while the annual precipitation was slightly increasing and characterized by obvious inter-decadal variation. Annual average relative humidity, wind speed and sunshine duration were remarkably decreased. High temperature days increased, while fog days and strong wind days were significantly decreased. Accumulated temperature and cooling degree days were increased, and heating degree days were decreased. Winter season was shortened, summer season was lengthened, and human comfortable days increased. Shanghai annual land surface solar radiation persistently decreased, heat island intensity increased, and intensity of subtropical summer monsoon minor increased.

Since 2007, the urban heat island effect is significant, annual average surface temperature increase rate was decreased. Precipitation is generally in increased trend, in particular, suburban area (Jiading, Songjiang and Jinshan) obviously increased. Chongming's relative humidity increased, central city and Jiading decreased. Average wind speed and sunshine period consistently decreased among all districts. High temperature days in the north and southeast of Shanghai increased, while other districts decreased. Fog days increased in all districts except Xujiahui, and Chongming increased most. The cooling degree days decreased in all districts. The heating degree days decreased except Chongming.

1 大 气

1.1 地面气象要素

1.1.1 气温

1873—2016 年，上海市年平均气温总体呈明显上升趋势，平均每十年升高 0.17 ℃（图 1.1），20 世纪 90 年代末以来，升温趋势尤其显著。与常年值相比，1873 年至 20 世纪 90 年代初以气温偏低为主，1994 年之后，年平均气温持续偏高。2016 年上海市徐家汇站年平均气温比常年值（17.0 ℃）偏高 1.1 ℃，位于排序第三暖的年份。

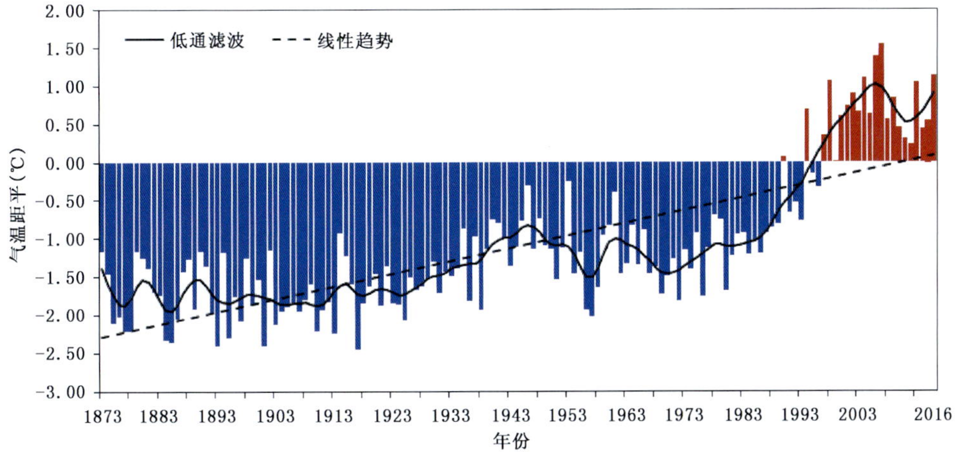

图 1.1　1873—2016 年徐家汇站年平均气温距平变化

2007—2016 年，上海市年平均气温明显呈中心城区高、郊区低的分布特征，近、远郊区温度随距离增加相应降低，城市热岛效应明显，城区与郊区的年平均气温差达 1.2 ℃（图 1.2a）。近十年来上海市年平均气温有所下降，中心城区和崇明下降幅度最大，其他地区下降趋势相对缓和（图 1.2b）。

1.1.2 降水

1874—2016 年，上海市徐家汇站年降水量呈弱的增多趋势（图 1.3）。20 世纪 40 年代中期到 50 年代初期以及 21 世纪 10 年代降水偏多；20 世纪 20 年代、30 年代、60 年代和 70 年代

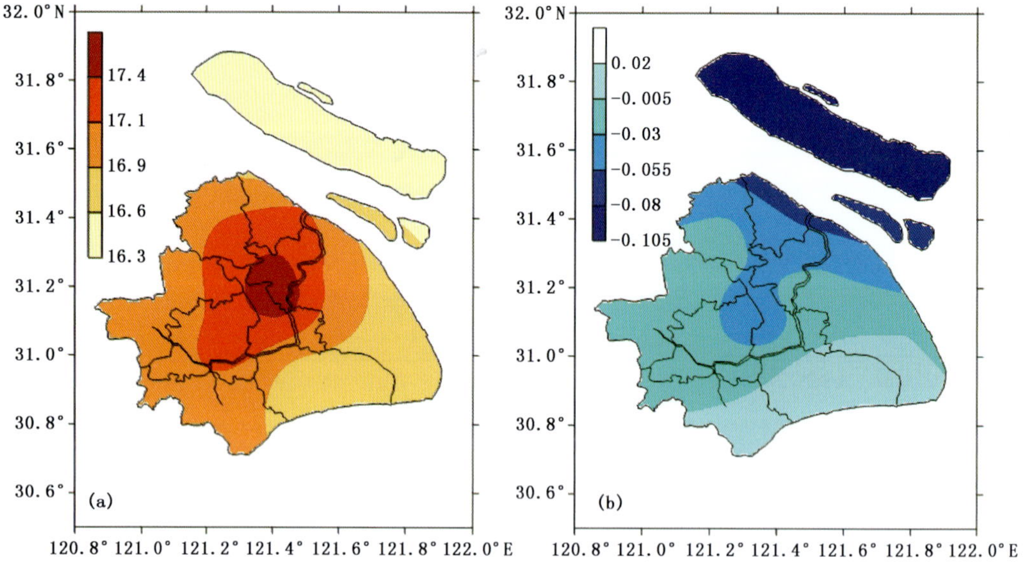

图 1.2　2007—2016 年上海市年平均气温分布
(a,单位:℃)及变化趋势(b,单位:℃/年)

降水偏少。20 世纪 70 年代前,降水量以 30～40 年的周期波动,随后增加趋势明显。1999 年、2015 年、1985 年、1941 年和 2001 年是上海市徐家汇站排名前五位的降水高值年。2016 年上海市徐家汇站年降水量为 1593.7 mm,较常年值(1259.4 mm)多 334.3 mm,为降水偏多年份。

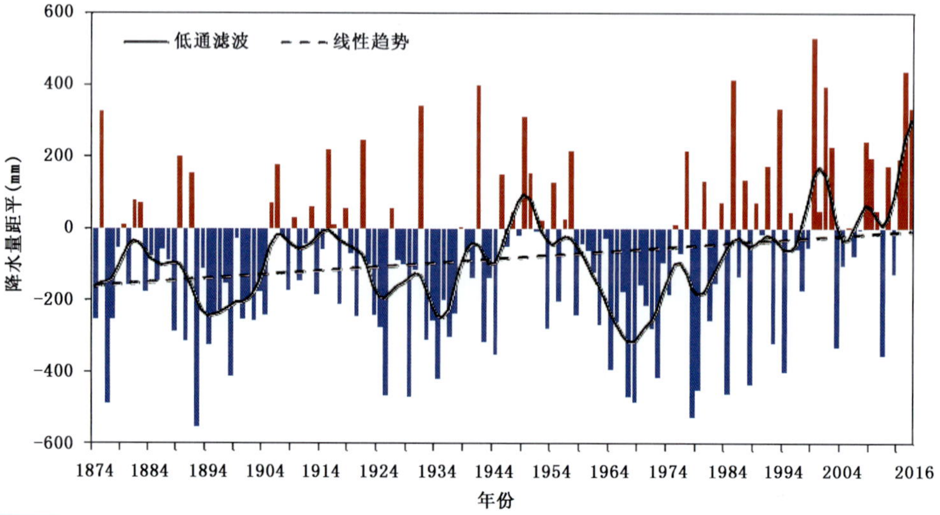

图 1.3　1874—2016 年徐家汇站年降水量距平变化

2007—2016 年,上海城市"雨岛"现象明显,中心城区和浦东新区为上海市降水量高值区,远郊如崇明和青浦为降水量低值区,降水最多的浦东站比降水最少的崇明站和青浦站多 200 mm(图 1.4a)。近十年上海市降水量总体呈增加趋势,其中崇明降水增加趋势最明显(图 1.4b)。

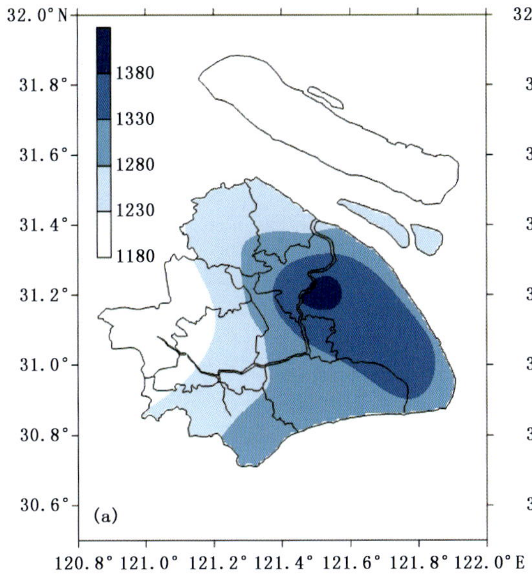

图 1.4 2007—2016 年上海市年平均降水分布

(a,单位:mm)及变化趋势(b,单位:mm/年)

1.1.3 相对湿度

1961—2016 年,上海市徐家汇站年平均相对湿度呈明显减少趋势,平均每十年减少 2.0%。1961—1993 年以偏高为主,21 世纪以来相对湿度持续降低,2016 年为 73%,略低于常年值(74.2%),为近十年来的相对高值(图 1.5)。

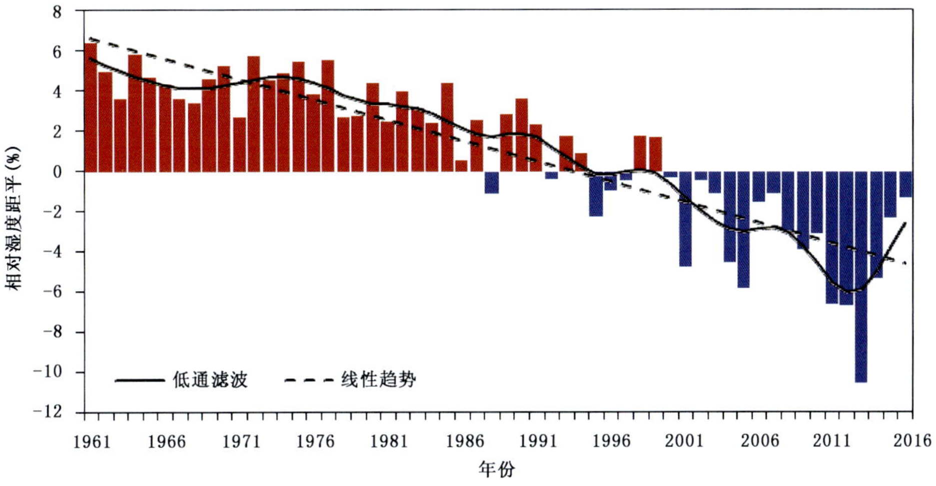

图 1.5 1961—2016 年徐家汇站年平均相对湿度距平变化

2007—2016 年,上海城市"干岛"现象明显,年平均相对湿度呈中西部低、东南部高的趋势分布,最低的徐家汇站与最高的南汇站相差 8%(图 1.6a)。近十年变化趋势为崇明相对湿度增加明显，中心城区和嘉定呈减少趋势(图 1.6b)。

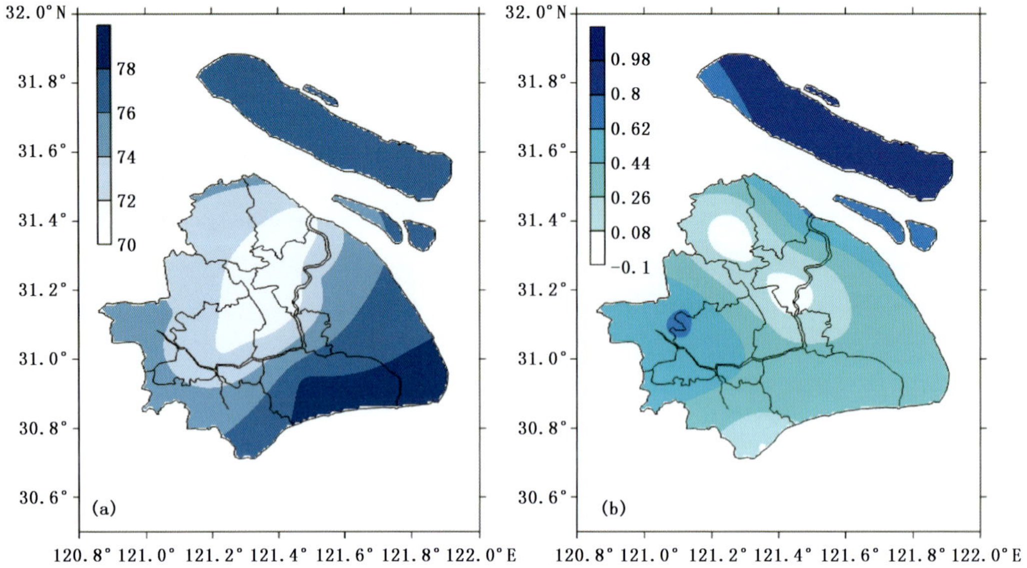

图 1.6 2007—2016 年上海市年平均相对湿度分布
(a,单位:%)及变化趋势(b,单位:%/年)

1.1.4 风速

1961—2016 年，上海市宝山站平均风速呈显著减小趋势，平均每十年减小 0.37 m/s。20 世纪 60—80 年代宝山站风速均为正距平，20 世纪 90 年代后至 2016 年以负距平居多。2016 年平均风速为 2.6 m/s，较常年值(3.3 m/s)偏小 0.7 m/s，为 1961 年以来的第二低值(图 1.7)。

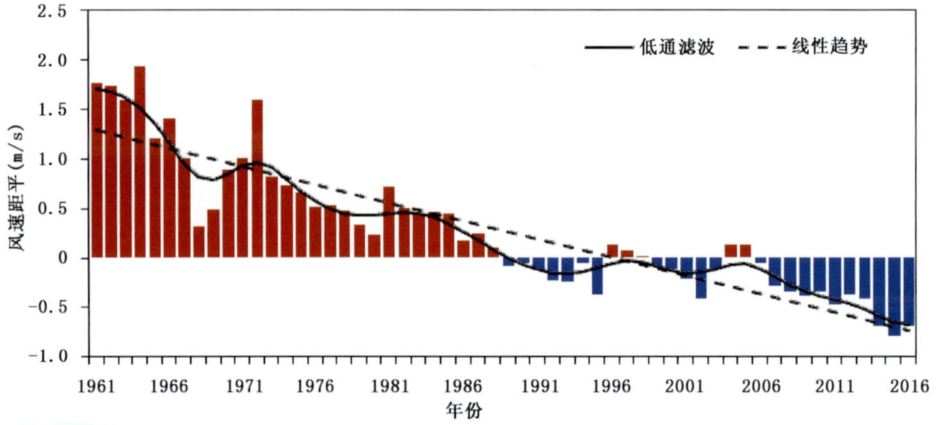

图 1.7 1961—2016 年宝山站年平均风速距平变化

2007—2016 年，上海市平均风速分布呈中心城区低、郊区高的分布形态，中心城区平均风速为 0.9 m/s，而崇明站和南汇站风速达 2.9 m/s(图 1.8a)。近十年风速总体呈下降趋势，空间分布上表现为中心城区、崇明和奉贤风速减少速率快、其他地区减少速率相对慢(图 1.8b)。

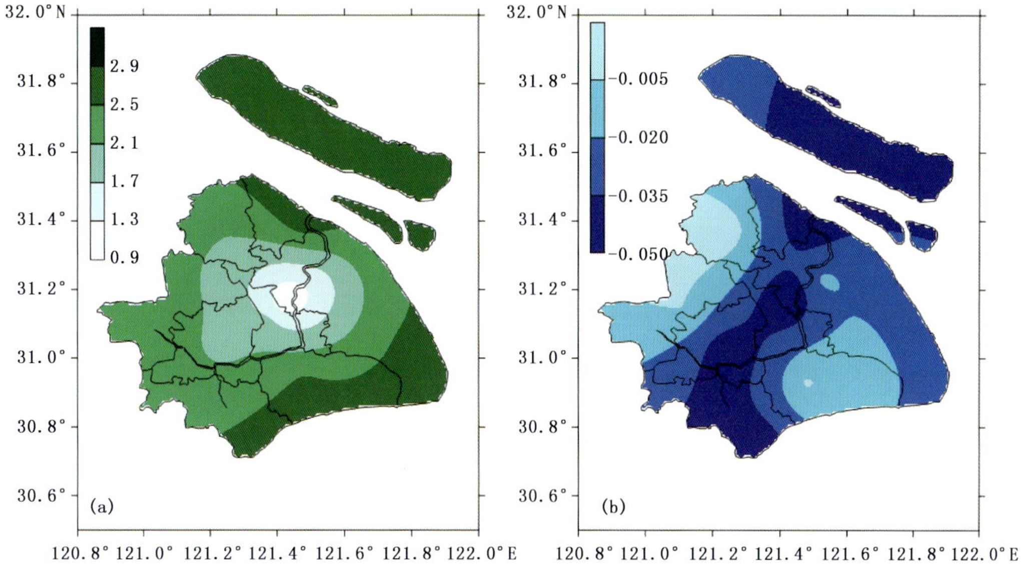

图 1.8 2007—2016 上海市年平均风速分布
(a,单位:m/s)及变化趋势(b,单位:m·s^{-1}/年)

1.1.5 日照

1961—2016 年,上海市宝山站年平均日照时数呈明显减少趋势,平均每十年减少 135 小时。2016 年宝山站日照时数 1669 小时,较常年(1852 小时)偏少 183 小时,属日照较少年份(图 1.9)。

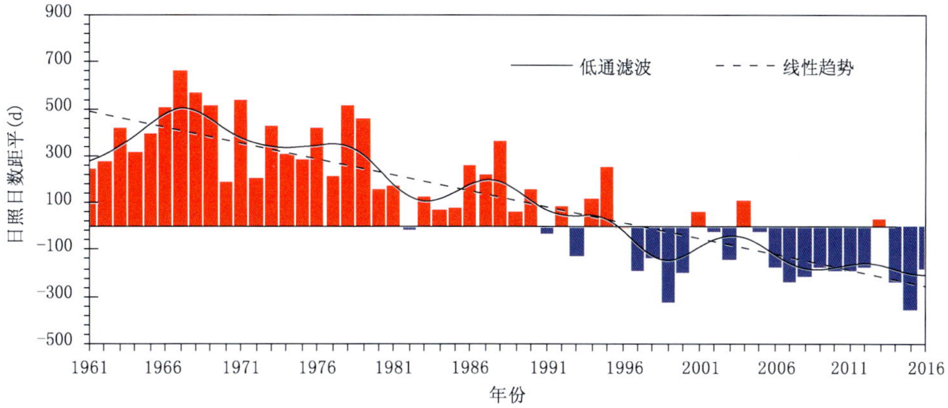

图 1.9 1961—2016 年宝山站年平均日照时数距平变化

2007—2016 年,上海市年平均日照时数呈西部地区少、南北郊区高的分布特征,其中西部青浦年日照时数小于 1600 小时,南部的奉贤、金山则大于 1700 小时(图 1.10a)。近十年上海市日照时数呈减少趋势,其中西北部(青浦、嘉定、宝山)减少趋势弱,其他区域减少趋势强(图 1.10b)。

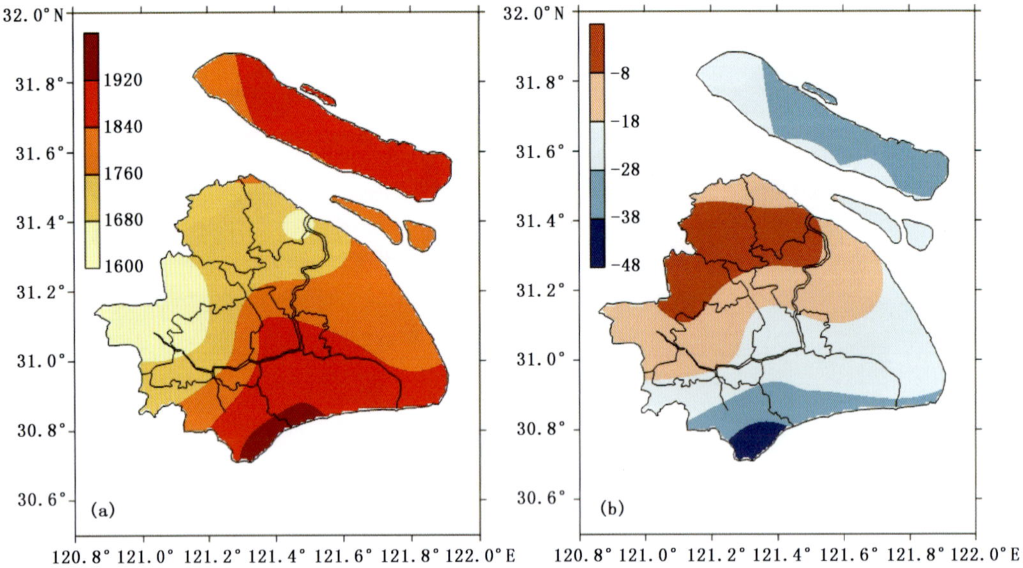

图 1.10　2007—2016 年上海市年平均日照时数分布
(a,单位:小时)及变化趋势(b,单位:小时/年)

1.2　高空气象要素

1.2.1　气温

1961—2016 年,上海市 850 hPa(约 1500 m 高度)、500 hPa(约 5700 m 高度)和 200 hPa(约 12000 m 高度)等压面年平均气温分别呈微弱升高(0.13 ℃/10 年,图 1.11a)、无明显变化(图 1.11b)和显著降低(−0.25 ℃/10 年,图 1.11c)的趋势。850 hPa 和 500 hPa 年平均气温在近十年多为偏高期,2016 年 850 hPa 和 500 hPa 年平均气温较常年分别偏高 1.0 ℃和 0.8 ℃。1961—1991 年 200 hPa 年平均气温绝大多数年份为正距平,而 1992—2016 年则是负距平居多,2016 年平均气温较常年值偏低 0.4 ℃。

1.2.2　温度露点差

温度露点差是气象上用来表征相对湿度的一种参量,温度露点差越大,表示相对湿度越小,反之则越大。1961—2016 年,上海市 850 hPa 年平均温度露点差为 9.0 ℃,呈明显增加趋势(图 1.12),递增率达到 0.61 ℃/10 年。从年代际变化来看,1961—2002 年为偏湿年代,自 2003 年开始,上海市 850 hPa 高度温度露点差一直处于偏高状态,2016 年年平均温度露点差偏高 1.3 ℃。

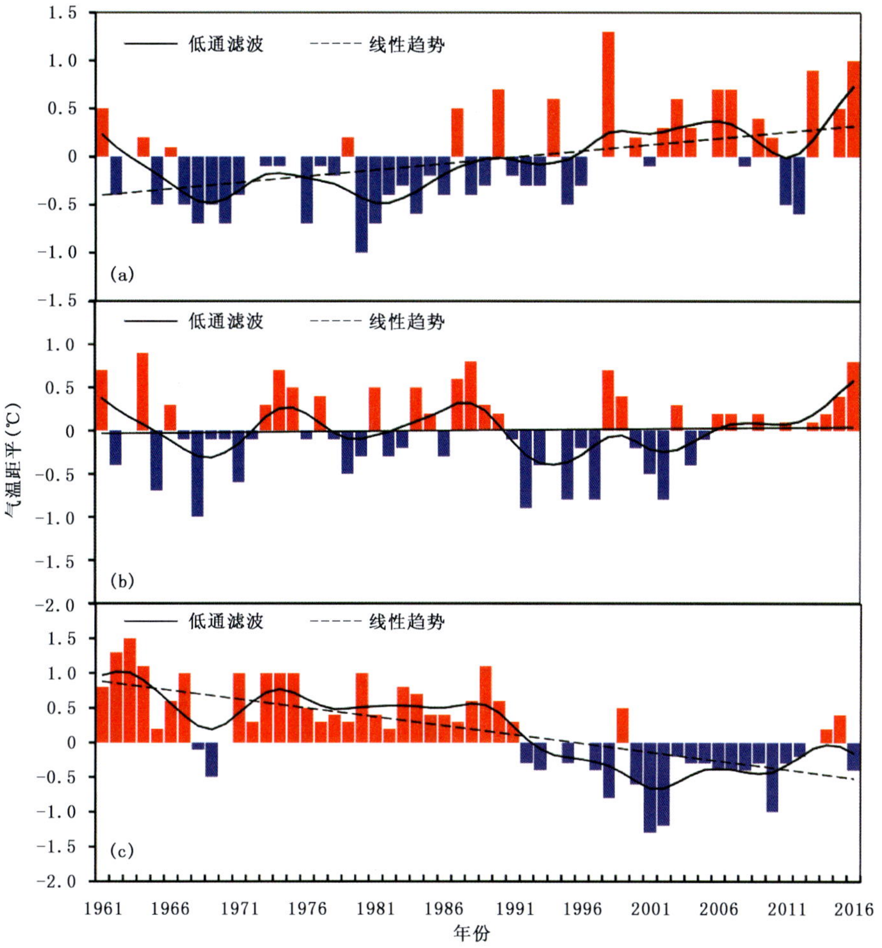

图 1.11 1961—2016 年上海市 850 hPa(a)、500 hPa(b)和 200 hPa(c)年平均气温距平变化

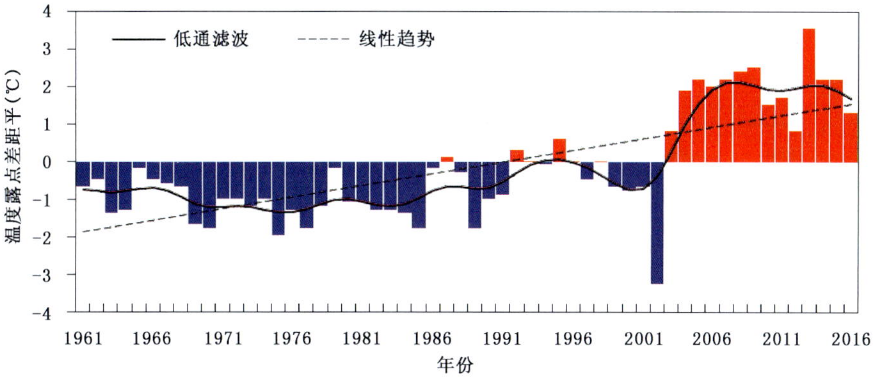

图 1.12 1961—2016 年上海市 850 hPa 年平均温度露点差距平变化

1.2.3 风速

1980—2016年，上海市850 hPa、500 hPa和200 hPa年平均风速分别呈微弱减小（$-0.09\ m \cdot s^{-1}$/10年，图1.13a）、减小（$-0.19\ m \cdot s^{-1}$/10年，图1.13b）和微弱增加（$0.01\ m \cdot s^{-1}$/10年，图1.13c）的线性变化趋势。2016年，850 hPa年平均风速与常年值相比，偏高0.3 m/s，500 hPa和200 hPa风速分别偏低0.7 m/s和2.0 m/s。

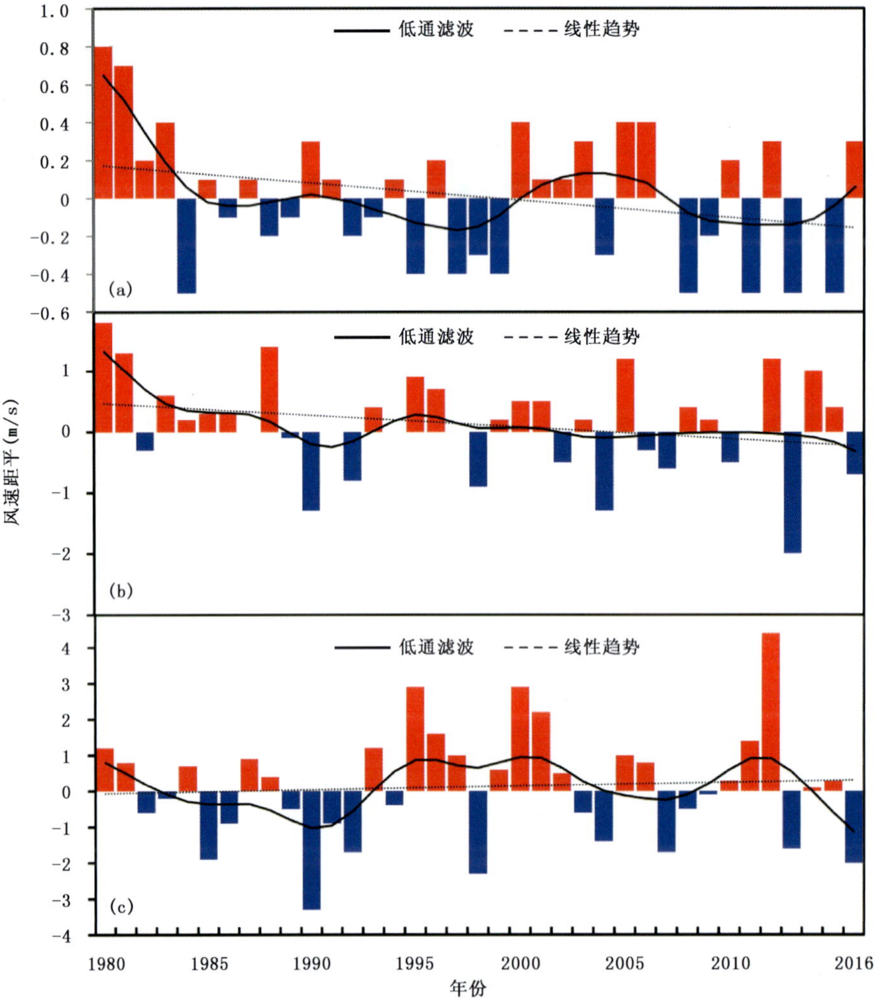

图1.13　1980—2016年上海市850 hPa(a)、500 hPa(b)和200 hPa(c)年平均风速距平变化

1.3 天气现象

1.3.1 高温

1961—2016年，上海市徐家汇站年平均高温日数为13天，呈增多趋势，递增率为4.2天/

10年(图1.14)。徐家汇站年高温日数自2001年开始呈明显上升趋势。2016年,徐家汇站高温日数达30天,较常年偏多14.6天。2007—2016年,上海徐家汇站年平均高温日数最多,达到24.5天,浦东南部最少,仅有8.5天(图1.15a)。从近十年变化趋势来看,上海北部和东南部地区的高温日数有所增加,其他地区均呈减少趋势(图1.15b)。

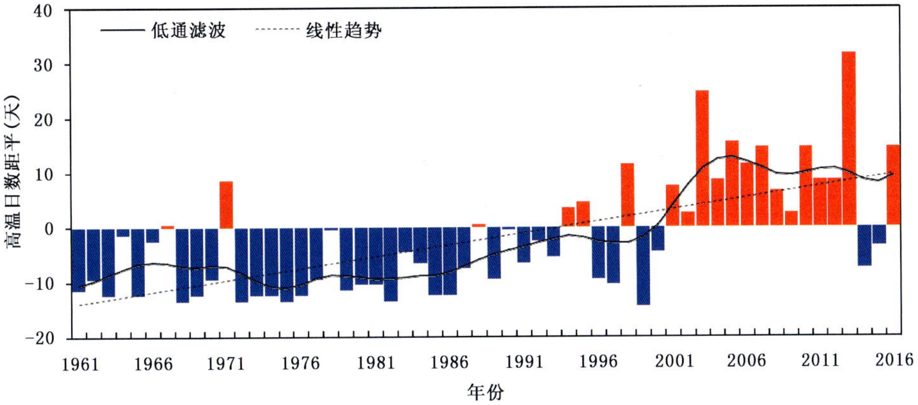

图1.14　1961—2016年徐家汇站年平均高温日数距平变化

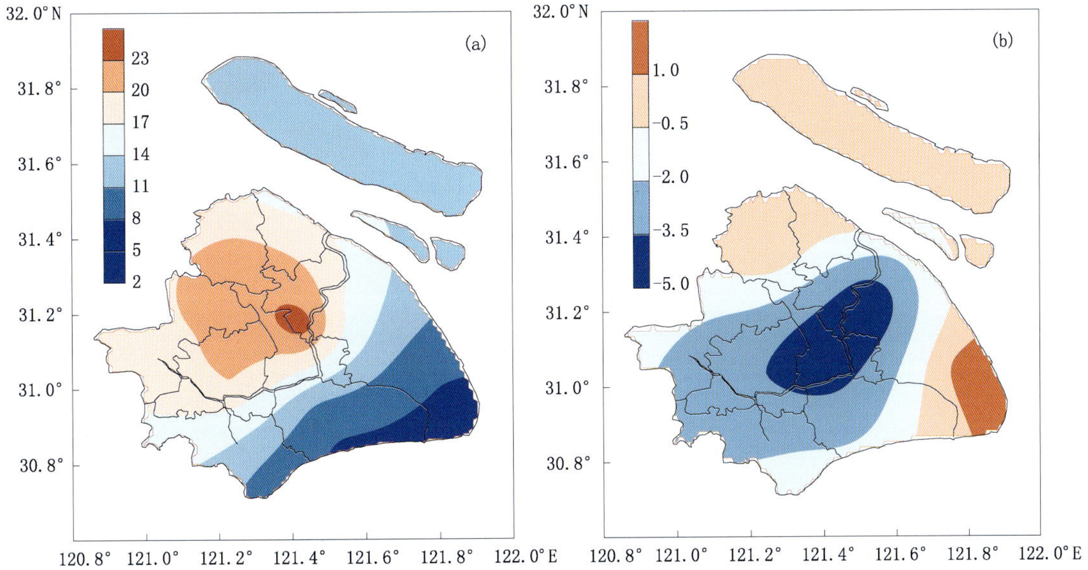

图1.15　2007—2016年上海市年平均高温日数分布
(a,单位:天)及变化趋势(b,单位:天/10年)

1.3.2　大雾

1961—2016年,上海市徐家汇站年平均大雾日数为25天,呈显著减少趋势,递减率为8.1天/10年(图1.16)。1961—1997年除了1985年、1988年和1995年以外全部是正距平年,1998—2016年全部为负距平年。2007—2016年,上海市大雾日数呈中心城区少、郊区高的分布特征(图 1.17a),崇明最多(37.1 天),奉贤次之(23.8 天)。从时间变化来看,近十年除了徐家汇略有减少外,其他区县均呈增加趋势,其中崇明增加最多(图 1.17b)。

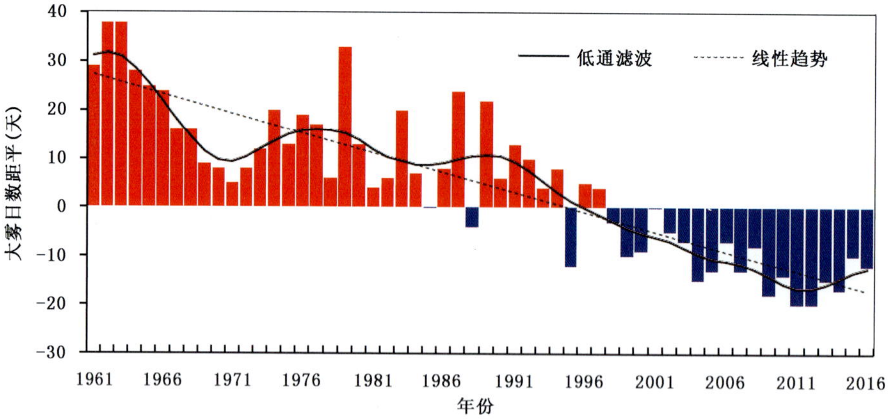

图 1.16　1961—2016 年徐家汇站年平均大雾日数距平变化

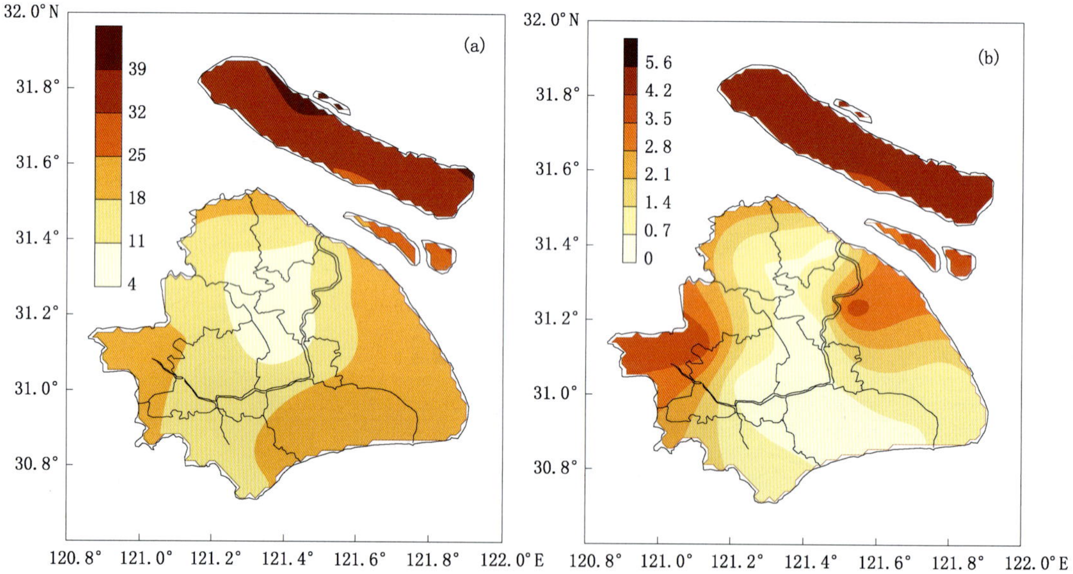

图 1.17　2007—2016 年上海市年平均大雾日数分布
(a,单位:天)及变化趋势(b,单位:天/年)

1.3.3　大风

1961—2016 年,上海市宝山站年平均大风日数为 11.8 天,呈减少趋势,递减率为 6.3 天/10 年(图 1.18),其中,1962 年最多为 52 天,2016 年上海大风日数为 3 天。2007—2016 年,上海市大风日数由中心城区(十年未出现)向郊区递增,崇明年平均大风日数 4.3 天,为全市最多(图 1.19a)。从变化趋势来看,除宝山以外,其他地区大风日数一致减少,崇明减少较多(图 1.19b)。

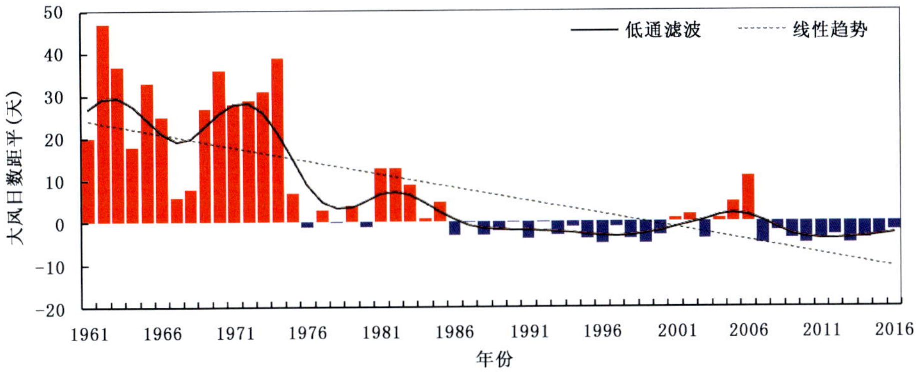

图 1.18 1961—2016 年宝山站年平均大风日数距平变化

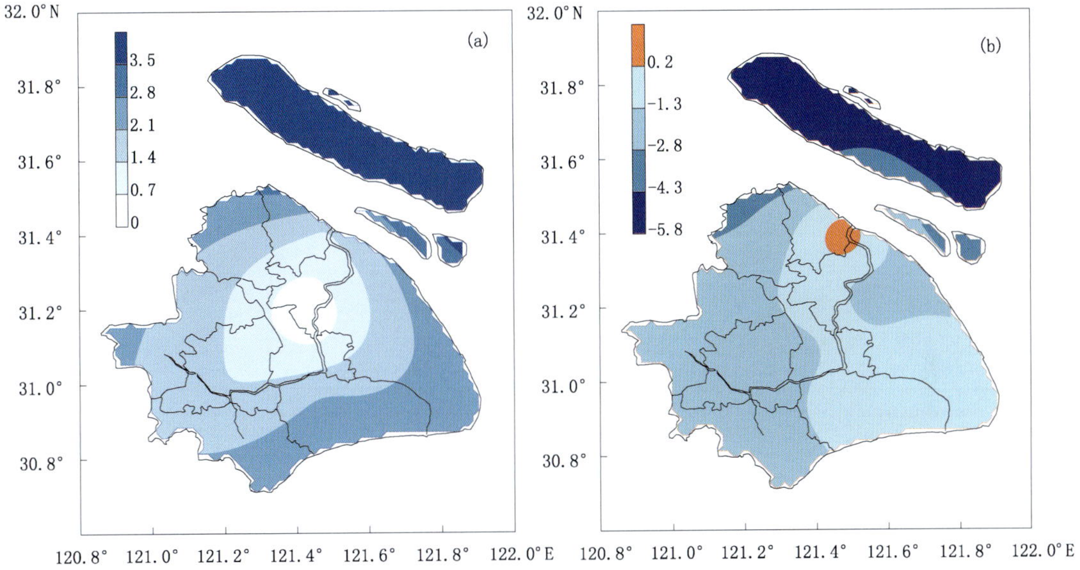

图 1.19 2007—2016 年上海市年平均大风日数分布
(a,单位:天)及变化趋势(b,单位:天/10 年)

1.4 其他指标

1.4.1 积温

1961—2016 年,上海市徐家汇站≥10 ℃积温总体呈明显的上升趋势(图 1.20),平均每十年增加 187.9 ℃·d,20 世纪 90 年代中期以前以负距平为主,之后以正距平为主,其中自 2000 年以来,连续 17 年为正距平。2016 年上海市徐家汇站≥10 ℃积温为 6201.6 ℃·d,较常年值偏高 575.3 ℃·d。

2007—2016 年,上海市≥10 ℃平均积温空间分布总体呈中心城区高、郊区低的分布特征

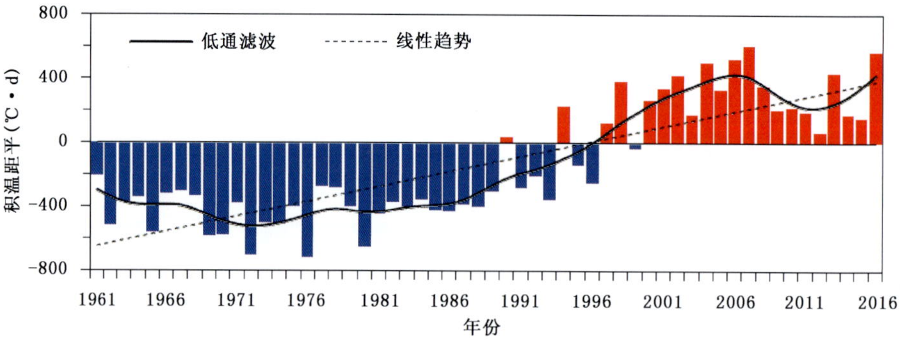

图 1.20 1961—2016 年徐家汇站≥10 ℃积温距平变化

(图 1.21a)。其中徐家汇站近十年平均积温达到 5927.1 ℃·d,为高值中心。而低值区域主要出现在崇明岛、浦东新区大部、奉贤区和金山区。上海近十年≥10 ℃积温呈南增北减的变化趋势(图 1.21b),其中浦东南部、奉贤和金山大部地区平均每年增加 1～12 ℃·d,北部地区平均每年降低 1～30 ℃·d。

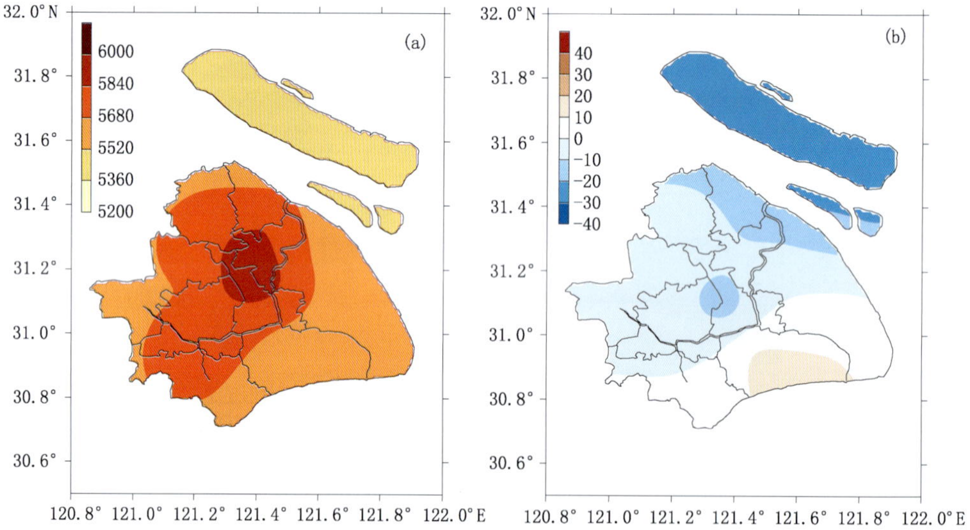

图 1.21 2007—2016 年上海市≥10 ℃平均积温分布
(a,单位:℃·d)及变化趋势(b,单位:℃·d/年)

1.4.2 制冷、采暖度日

1961—2016 年,上海市徐家汇站制冷、采暖度日数的逐年变化具有相反的特征。制冷度日总体上呈明显的上升趋势,平均每十年增加 25.1 ℃·d(图 1.22a);而采暖度日则表现为下降趋势,且平均每十年减少 108.8 ℃·d(图 1.22b)。在年代际尺度上,二者在 20 世纪 90 年代中后期均出现明显的变化,其中制冷度日距平从负距平转为正距平,而采暖度日距平则与之相反。2016 年,上海市徐家汇站制冷、采暖度日数分别为 286.4 ℃·d 和 1327.8 ℃·d,制冷度日数较常年值偏高 89.7 ℃·d,采暖度日偏低 258.4 ℃·d。

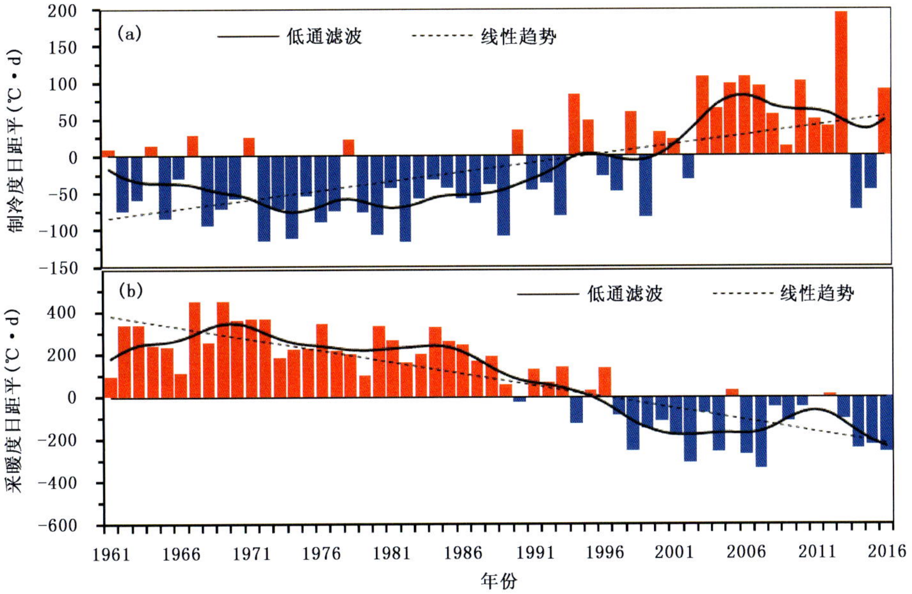

图 1.22　1961—2016 年徐家汇站制冷(a)、采暖(b)度日距平变化

2007—2016 年,上海市制冷和采暖度日数的空间分布具有相反的分布特征。其中,制冷度日数总体表现为城区制冷度日数较高、采暖度日数较低;而郊区则为制冷度日数相对较低、采暖度日数较高(图 1.23a 和图 1.24a),体现了城市热岛效应对上海市制冷、采暖度日的影响。

2007—2016 年,上海市制冷度日数表现为全市一致减少的变化趋势(图 1.23b),平均每年减少 2.7～7.3 ℃·d;除崇明站近十年采暖度日数平均每年增加 0.4 ℃·d 外,其余各站近十年采暖度日数平均每年减少 4.1～21.4 ℃·d(图 1.24b)。

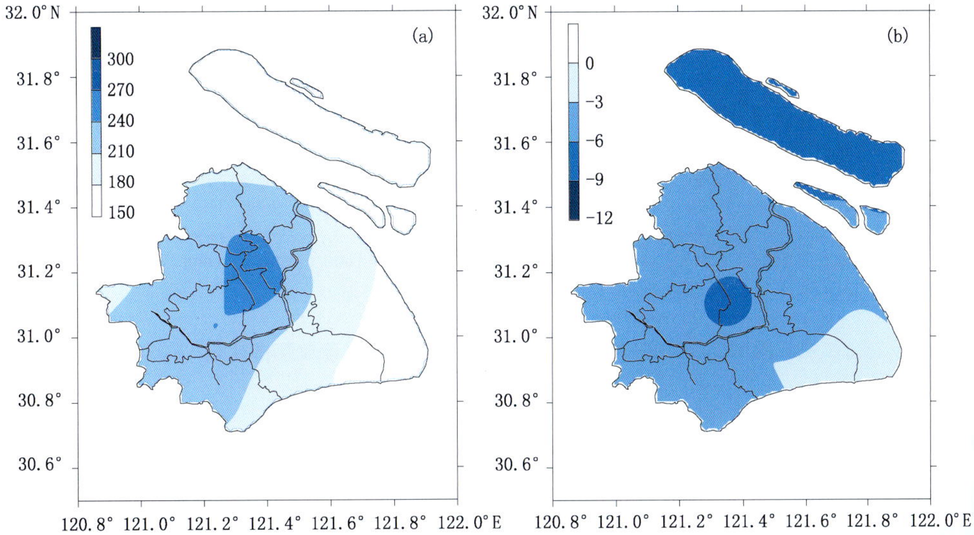

图 1.23　2007—2016 年上海市平均制冷度日数分布
(a,单位:℃·d)及变化趋势(b,单位:℃·d/年)

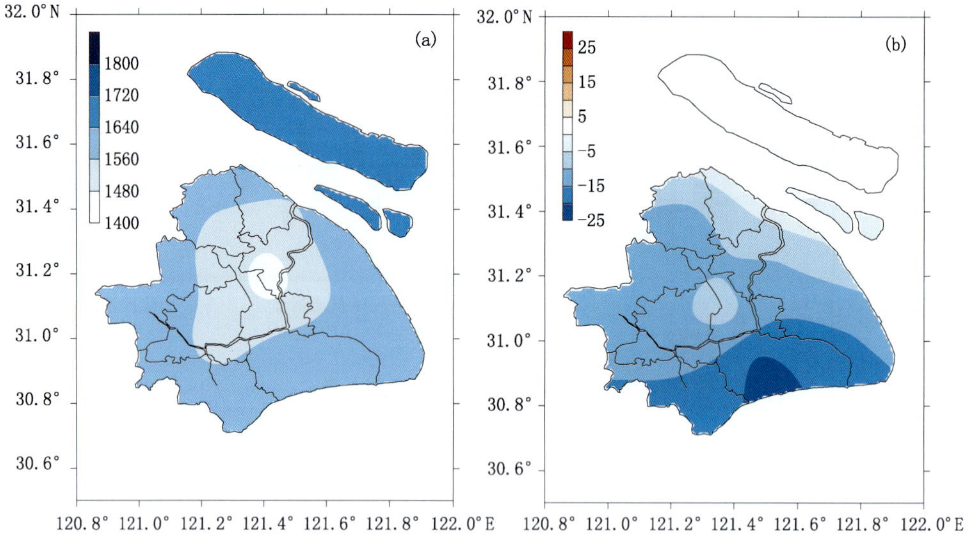

图 1.24 2007—2016 年上海市平均采暖度日数分布
(a,单位:℃·d)及变化趋势(b,单位:℃·d/年)

1.4.3 人体舒适日数

1981—2010 年,上海市徐家汇站人体舒适日数平均值为 187.2 天。1961—2016 年上海市徐家汇站人体舒适日数总体呈上升趋势,平均每十年增加 7.7 天。20 世纪 90 年代中后期,徐家汇站人体舒适日数出现年代际尺度上转变,自 1997 年以来,仅 2003 年和 2005 年人体舒适日数较常年偏少,其余年份均较常年偏多。2016 年上海市徐家汇站人体舒适日数为 212 天,较常年偏多 24.8 天(图 1.25)。

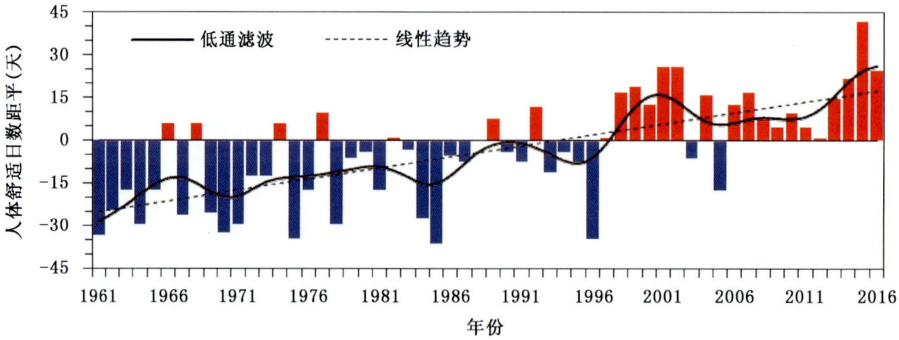

图 1.25 1961—2016 年徐家汇站人体舒适日数距平变化

1.4.4 台风次数

1961—2016 年,影响上海市台风总数达到 116 个,平均每年 2.1 个,总的变化趋势是台风次数略有增多,但趋势不明显。2016 年,影响上海台风个数为 1 个,属偏少年份(图 1.26)。

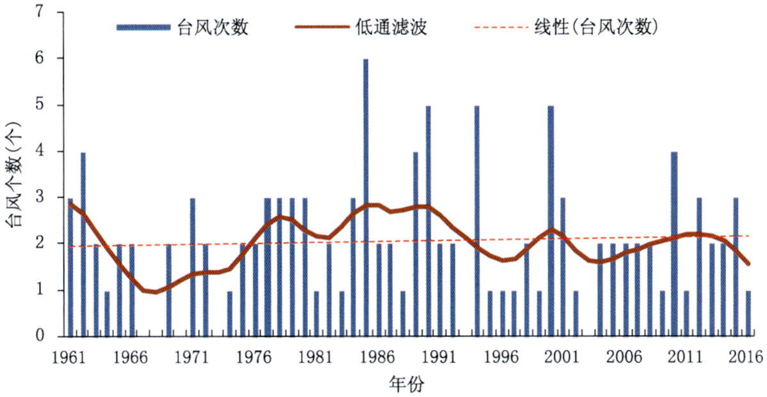

图 1.26 1961—2016 年影响上海市台风个数变化

1.4.5 强降水事件

定义小时降水量≥35.5 mm 的降水事件为强降水事件。1981—2016 年，上海市强降水事件累计频次达到 369 次，其中 1999 年为最高，全市累计达到 25 次。近 36 年来强降水事件呈微弱上升趋势，增长率为 0.47 次/10 年。2016 年，上海市强降水事件共发生 7 次，比常年平均值偏少近 4 次（图 1.27）。

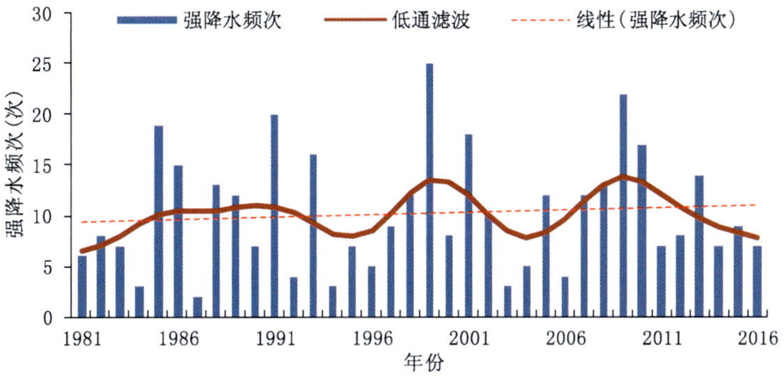

图 1.27 1981—2016 年上海市 35.5 mm/h 以上量级降水频次变化

2007—2016 年，上海市小时降水量超过 35.5 mm 的强降水事件累积频次分布如图 1.28 所示。近十年，嘉定和闵行属于强降水高发区域，降水频次分别达到 17 次和 14 次，中心城区也达到 13 次；而崇明则在近十年内强降水累积频次最少，为 5 次。

1.4.6 极端降水

1949—2016 年，上海市徐家汇站的年最大 1 小时降水量呈弱的增加趋势，增长率达到 1.79 mm/10 年。近 68 年来，年最大 1 小时降水量大于 100 mm 出现过 2 次，分别出现在 2008 年（119.6 mm）和 1950 年（100.7 mm）。2016 年，徐家汇站年最大 1 小时降水量为 56.9 mm（图 1.29）。

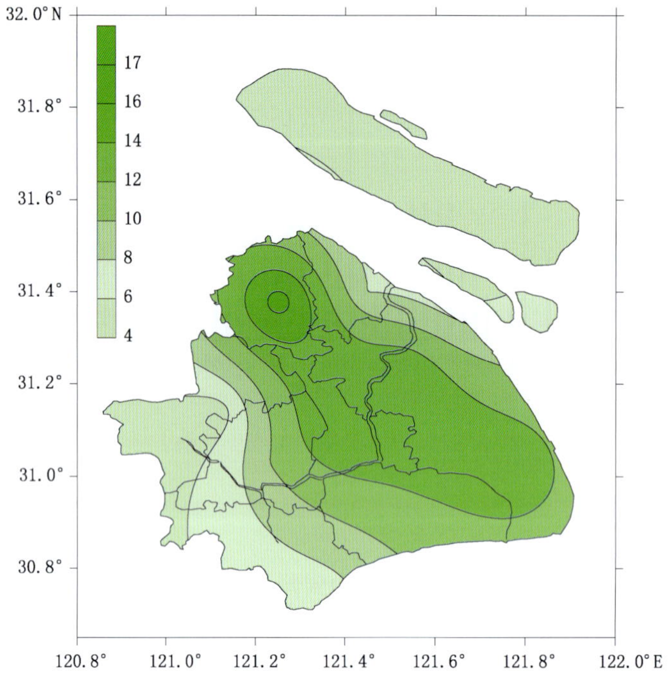

图 1.28　2007—2016 年上海市 35.5 mm/h 以上量级降水频次分布(单位:次)

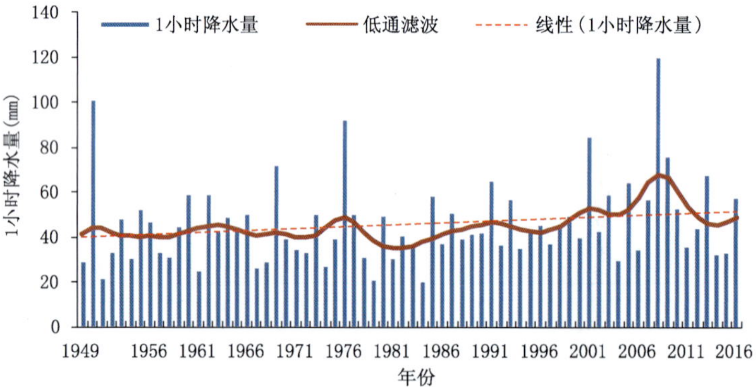

图 1.29　1949—2016 年徐家汇站年最大 1 小时年降水量变化

2 海 洋

2.1 海表温度

1854—2016 年，上海市近海地区(25°～38°N，115°～130°E)海表温度表现出明显的年代际变化特征：19 世纪 60 年代及 20 世纪初至 50 年代海表温度总体偏低，19 世纪末以及 20 世纪后期至 21 世纪海表温度以偏高为主。2016 年上海市近海地区平均海表温度距平为 0.9 ℃，略高于 2015 年(图 2.1)。

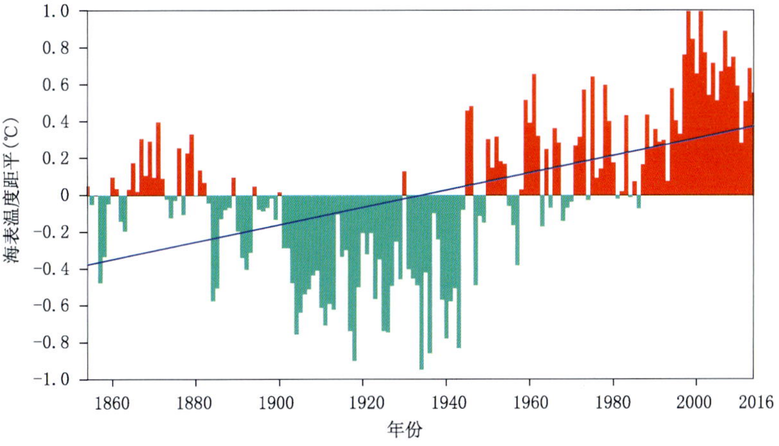

图 2.1 1854—2016 年上海市近海地区平均海表温度距平变化(单位：℃，蓝线：线性趋势)

从 2016 年上海市近海地区海表温度距平空间分布图上看，整个区域均为正距平，但与 2015 年不同的是，呈现出由北向南递增的态势，可见 2016 年上海市长江口海域海表温度增高明显，以外海尤为突出(图 2.2)。

2.2 海平面

海平面上升是由全球气候变暖引起的缓发性海洋灾害。《2016 年中国海平面公报》表明，中国沿海海平面变化总体呈波动上升趋势。1980—2016 年中国沿海海平面上升速率为 3.2 mm/年，高于同期全球平均水平。2016 年，中国沿海海平面较常年高 82 mm，为 1980 年以来的最高位。

据《2016 年中国海平面公报》分析表明，2016 年，上海市沿海海平面比常年高 102 mm，比

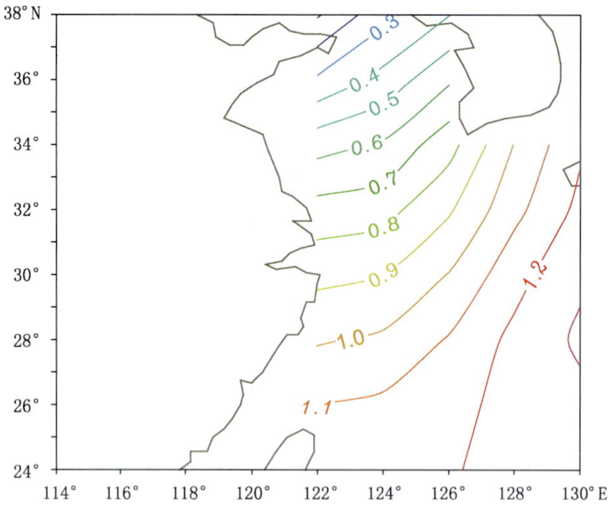

图 2.2　2016 年上海市近海地区海表温度距平空间分布(单位:℃)

2015 年高 45 mm。预计未来 30 年,上海沿海海平面将上升 65～150 mm。2016 年,上海沿海各月海平面均高于常年同期,4 月、6 月和 11 月海平面较常年同期分别高 148 mm、120 mm 和 132 mm,均为 1980 年以来同期最高。与 2015 年同期相比,10 月海平面高 166 mm,7 月海平面低 94 mm(图 2.3)。

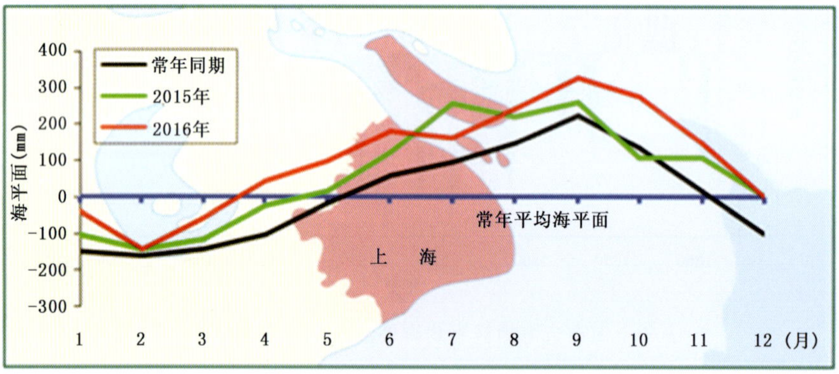

图 2.3　上海沿海各月平均海平面变化
(源自《2016 年中国海平面公报》)

3 陆 面

3.1 地温

1961—2016 年，上海市宝山站年均 0 cm 和 20 cm 地温均呈弱的上升趋势，平均每十年分别上升 0.13 ℃和 0.19 ℃。20 世纪 60 年代至 80 年代末地温以偏低为主，90 年代地温呈显著上升趋势，1998 年 0 cm 和 20 cm 地温为最高值，21 世纪以后地温逐年降低。2016 年宝山站 0 cm、20 cm地温为 18.6 ℃、18.3 ℃，分别比常年值高 0.71 ℃、0.95 ℃（图 3.1）。

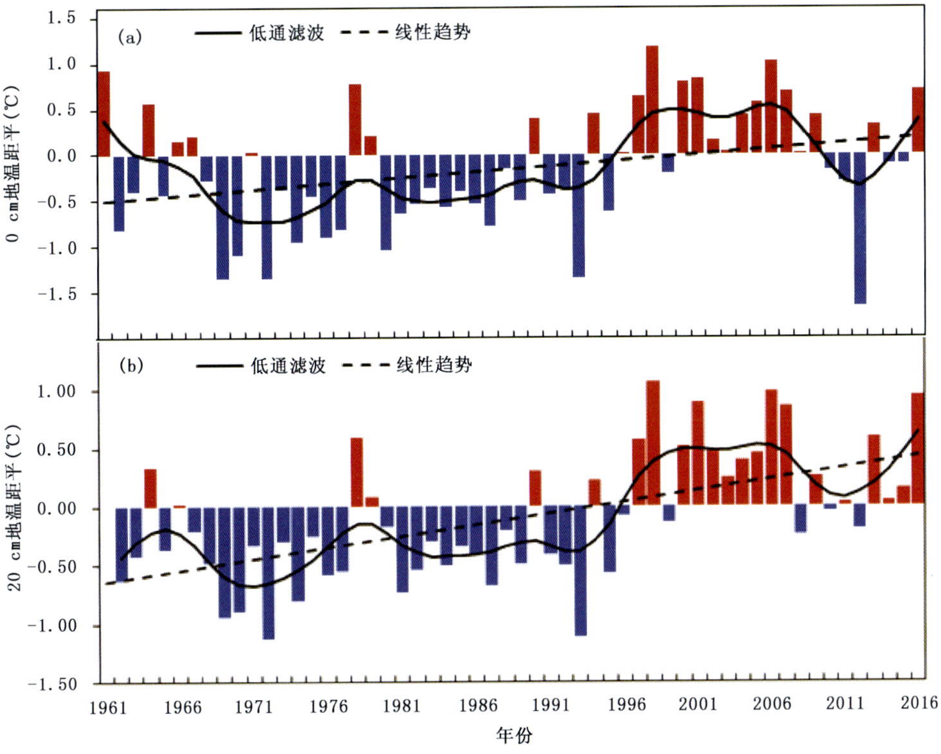

图 3.1 1961—2016 年宝山站平均地温距平变化

(a)0 cm，(b)20 cm

2007—2016 年，上海市 0 cm 地温平均值分布呈西南（青浦、松江、金山）高、中心城区低、其他区域较低的变化趋势，其中西南郊区与中心城区的最大温差可达 2 ℃左右（图 3.2a）。近十年来，0 cm地温嘉定和浦东呈弱上升趋势，而崇明下降趋势明显，其他地区下降趋势相对缓和(图 3.2b)。

2007—2016 年，上海市 20 cm 地温与 0 cm 地温空间分布趋势相似，西南(青浦、松江、金山)高，中心城区低，西南郊区与中心城区的最大温差可达 1.0 ℃左右(图 3.3a)。近十年来，20 cm地温与 0 cm 地温总体变化趋势相似，嘉定、青浦和浦东呈弱上升趋势，而北部崇明下降趋势明显，其他区域下降趋势相对平缓(图 3.3b)。

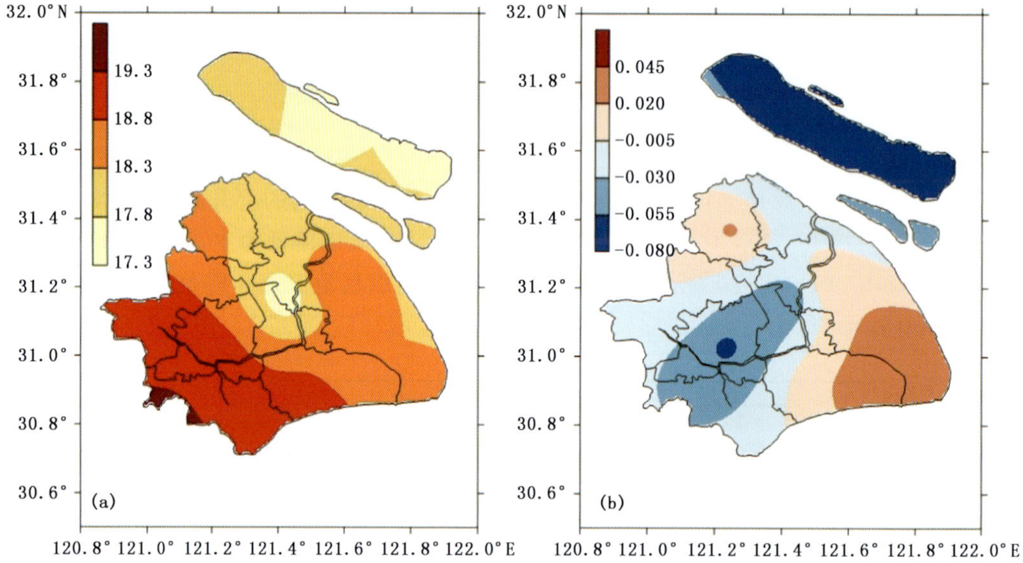

图 3.2 2007—2016 年上海市 0 cm 平均地温分布(a，单位：℃)及变化趋势(b，单位：℃/年)

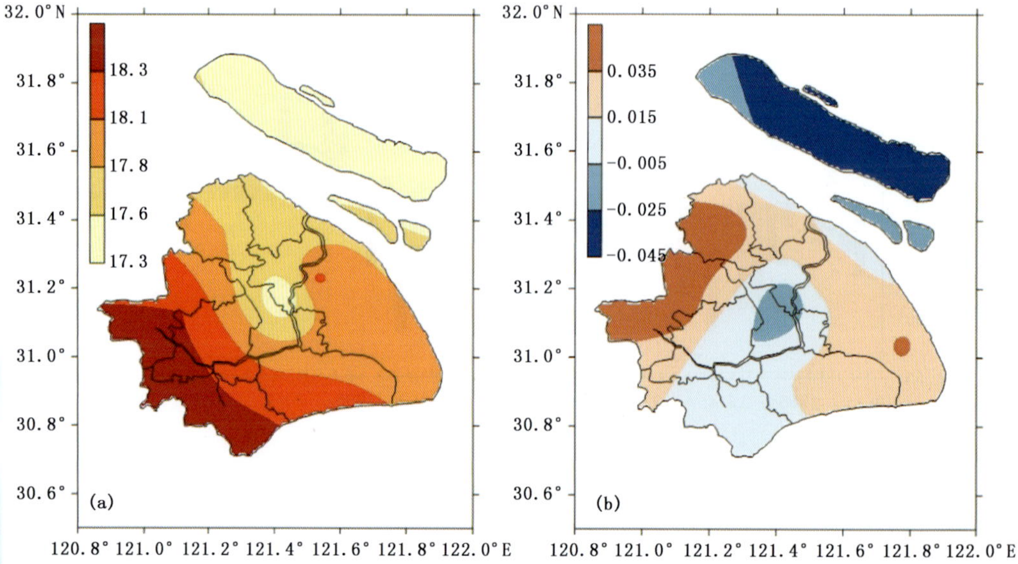

图 3.3 2007—2016 上海市 20 cm 平均地温分布(a，单位：℃)及变化趋势(b，单位：℃/年)

3.2 植被

从空间分布来看(图 3.4a),2016 年,崇明三岛、青浦西北部和中南部、松江西部和南部、金山、奉贤、浦东南部以及嘉定北部、闵行东南局部植被覆盖较好或好,大部分地区年平均植被指数超过 0.30,其中崇明中西部、金山中部和西部、青浦南部以及松江南部年平均植被指数达到或超过 0.40;宝山西部、嘉定中南部、青浦东北部、松江中部和东北部、闵行中南部、浦东西部和中北部植被覆盖一般,年平均植被指数基本维持在 0.25 附近;中心城区、宝山中东部、闵行北部植被覆盖稍差,年平均植被指数低于 0.20。

从时间变化来看(图 3.4b),2016 年上海市年平均植被指数为 0.283,较 2015 年增加

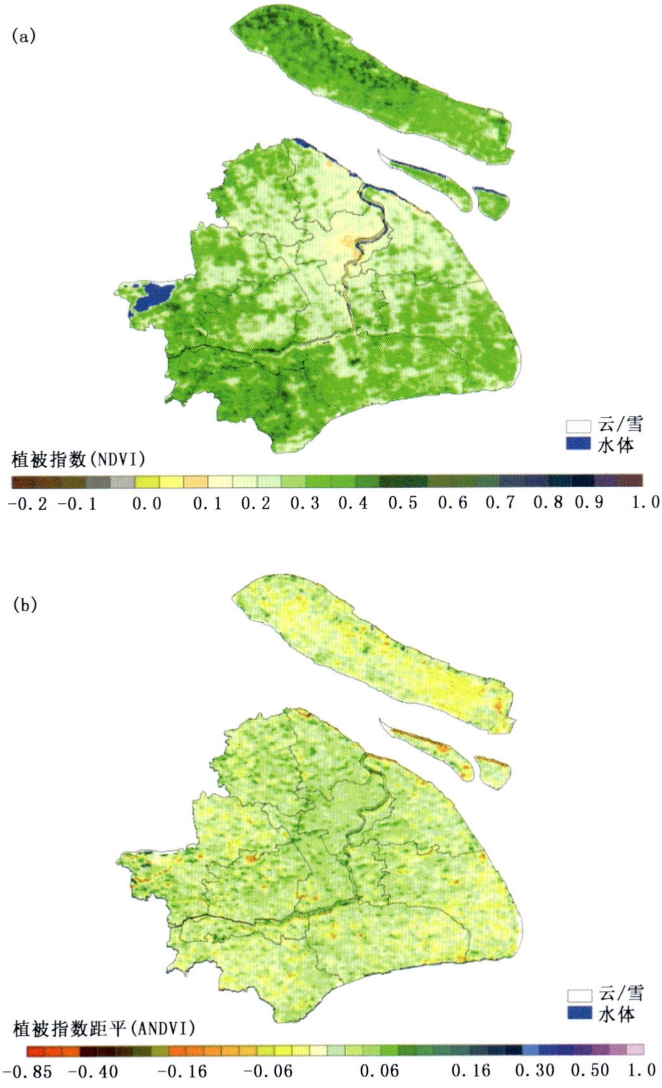

图 3.4 2016 年上海市年平均植被指数(a)及距平(b)分布

4.8%。2016 年上海本地降水偏多、气温偏高，由于水热条件充足，促进了植被的生长与恢复，上海区域尤其是外围郊区自然与农作植被的覆盖度、长势和生产力明显提高，植被生态质量较上年呈改善态势。与常年相比，2016 年植被指数与 2006 年以来均值基本一致（−0.02～0.02）的区域面积占比 43.3%，偏好（>0.02）区域面积占比 36.0%，偏差（<−0.02）区域面积占比 20.7%，说明 2016 年上海大部地区植被生态质量正常偏好，整体达 2006 年以来较高水平。中心城区及近郊区（闵行中北部、浦东西部、宝山大部、嘉定南部）的植被指数比 2006 年以来平均值维持偏高 0.02 以上，上述地区植被除受气候事件影响外，主要因近年持续加强的城市生态环境建设，城区植被生态状况较十年前整体改善明显；郊区呈小团块状散布的数个新型中心镇或城镇建成区植被指数比 2006 年以来平均值偏低超过 0.08，如虹桥商务区、长兴岛海洋装备产业园区、崇明陈家镇、松江佘山镇、奉贤南桥镇等，表明这些区域近年因基础设施和大型居住区等城镇化建设，植被覆盖状况有所变差；外围远郊如崇明、金山、浦东南部、奉贤东部、青浦北部农业用地比重大，农作植被生产力较近 10 年平均略有下降。

3.3　物候（花期）

2007—2016 年上海市桃花初花期呈现出“偏早－偏晚－偏早”的变化趋势，2011 年和 2012 年桃花初花期相对较晚（4 月初），其他年份桃花初花期均出现在 3 月中下旬。2016 年桃花初花期为 3 月 21 日，早于平均日期（3 月 26 日）（图 3.5）。

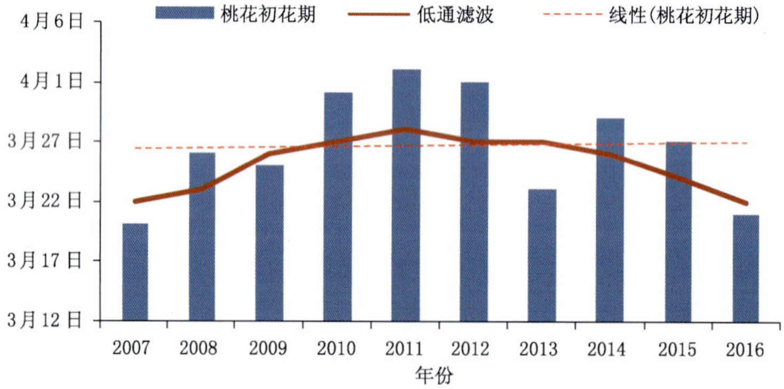

图 3.5　2007—2016 年上海市桃花初花期

4 冬、夏季节长度

1981—2010年上海市徐家汇站冬、夏季节长度30年平均值分别为104.8天和126.5天。1961—2016年上海冬季长度总体表现为缩短的趋势，平均每十年减少6.6天，而夏季长度则与之相反，总体为延长的趋势，平均每十年增加6.2天(图4.1)。而在年代际尺度上，二者均在20世纪90年代中后期出现转变，在90年代中后期以前冬季长度总体表现为以正距平为主，之后则表现为以负距平为主；夏季长度则与之相反。2016年，徐家汇站冬季季节长度为67天，比常年偏少37.8天；夏季季节长度为120天，比常年偏少6.5天。

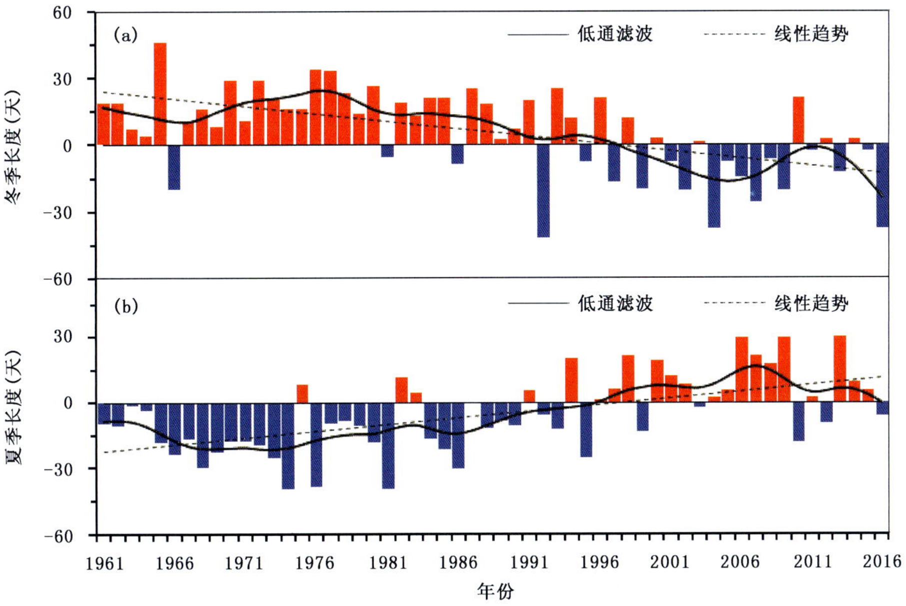

图4.1 1961—2016年徐家汇站冬(a)、夏(b)季节长度距平变化

专栏　上海地区城郊季节长度变化差异

基于气象意义上的四季划分标准，对上海地区各季节气候特征进行分析，结果发现：与郊区代表站相比，上海中心城区入春时间平均提前 7.0 天，入夏时间平均提前 4.8 天，入秋时间平均延后 8.0 天，入冬偏晚 5.0 天；中心城区夏季偏长，冬季偏短。

上海市各站四季划分及季节长度气候态(1981—2010 年)特征

	季节进入时间				季节长度(天)			
	入春	入夏	入秋	入冬	春季长度	夏季长度	秋季长度	冬季长度
徐家汇	3 月 16 日	5 月 28 日	10 月 1 日	12 月 2 日	73	126	62	104
闵行	3 月 18 日	5 月 29 日	9 月 26 日	11 月 28 日	72	120	63	110
宝山	3 月 19 日	6 月 1 日	9 月 30 日	11 月 30 日	74	121	61	109
嘉定	3 月 19 日	5 月 30 日	9 月 28 日	11 月 27 日	72	121	60	112
崇明	3 月 24 日	6 月 6 日	9 月 21 日	11 月 26 日	74	107	66	118
南汇	3 月 23 日	6 月 4 日	9 月 25 日	11 月 29 日	73	113	65	114
浦东	3 月 21 日	6 月 3 日	9 月 27 日	11 月 30 日	74	116	64	111
金山	3 月 24 日	5 月 31 日	9 月 22 日	11 月 25 日	68	114	64	119
青浦	3 月 21 日	5 月 29 日	9 月 24 日	11 月 28 日	69	118	65	113
松江	3 月 22 日	5 月 30 日	9 月 23 日	11 月 26 日	69	116	64	116
奉贤	3 月 23 日	6 月 1 日	9 月 23 日	11 月 27 日	70	114	65	116
平均	3 月 20 日	5 月 31 日	9 月 25 日	11 月 28 日	72	117	64	113

5 气候变化影响因子

5.1 副热带夏季风

上海地处亚洲季风区，受副热带夏季风影响明显。1961—2016 年，副热带夏季风强度具有明显年际尺度差异，总体上表现出略微增强的趋势，其强度指数平均每十年增加 7.3。自 2000 年以来，除 2004 年和 2012 年为弱副热带夏季风年，其余年份的强度指数均与常年值接近(图 5.1)。

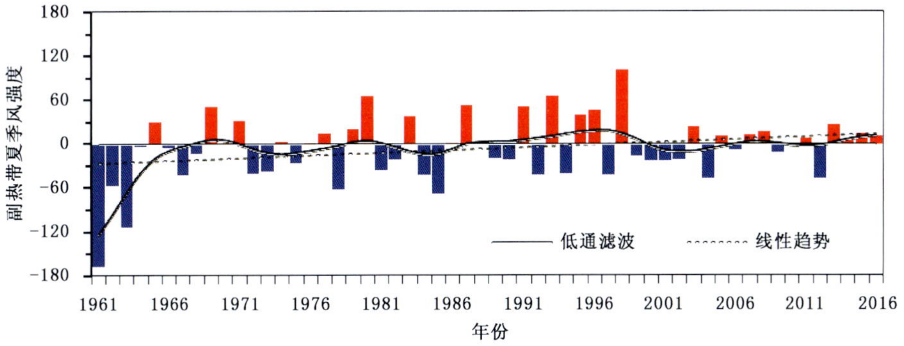

图 5.1　1961—2016 年副热带夏季风强度指数变化

5.2 热岛强度

1961—2016 年，上海市热岛强度表现为增强的趋势，平均每十年热岛强度指数增加 0.2 ℃。在年代际尺度上，自 20 世纪 80 年代末以来上海市热岛强度持续增强，城郊日平均温差最高达到 1.5 ℃，至 21 世纪初期，城郊温差略有减少，维持在 0.9 ℃左右(图 5.2)。2016 年城郊日平均温差为 0.8 ℃。

5.3 太阳辐射

上海市宝山站年总辐射量常年值为 4494.1 MJ/m^2。1961—2016 年，上海市宝山站年总辐射量总体表现为减少的趋势，平均每十年减少 64.8 MJ/m^2(图 5.3)。2016 年宝山站总辐射总量为 4512.7 MJ/m^2，较常年偏多 18.6 MJ/m^2。

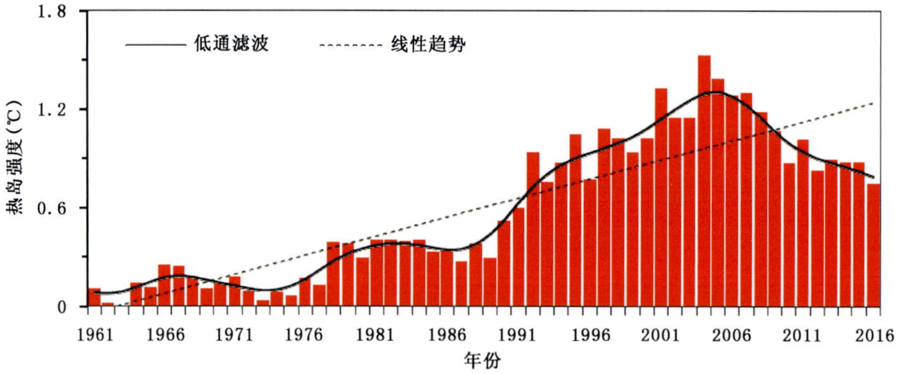

图 5.2　1961—2016 年上海市热岛强度变化

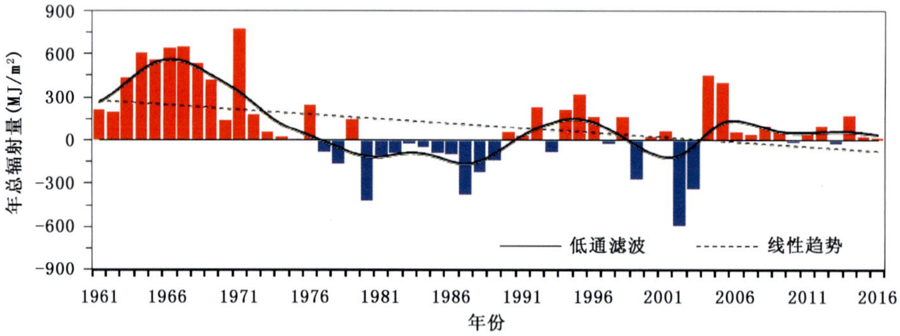

图 5.3　1961—2016 年宝山站年总辐射量距平变化